整体与部分&关于分配的一切

【英】史蒂夫·魏　弗雷西亚·罗　著
【英】马克·毕驰　插图　曾候花　译

贵州教育出版社

整体与部分
Bits and Pieces

目录

拆整数为分数

1 是我们计数时的最小单位，但事实上，它并不是我们使用的最小的数。我们还能将 1 分成更小的数，也就是分数。

如果将 1 一分为二，就会得到两个二分之一。我们还可以将 1 进行三等分、四等分、五等分……得到的结果就是三分之一、四分之一、五分之一……

再分，继续分……

我们甚至可以将 1 均分成一百份，每一份就成了一百分之一。如果你愿意的话，哪怕是分成一千份、一百万份都没有问题！事实上，任何数都能被拆分成分数，每个分数又能被拆分成更小的分数。

◆ 只有将成百上千块拼图全都拼在一起，才能窥见图形的全貌。

平均分配

我们想要分享某样东西的时候，分数就派上用场了。比如几个人一起分蛋糕，我们总会尽量分得均匀，好让每个人的份额都差不多！如果蛋糕被切成了差不多大小的六块，每小块用分数表示就是：1/6。

分　数

分数通常由三部分组成：中间的分数线，分数线上的分子以及分数线下的分母。

◆ 图中有两个小孩，其中一个是女孩。这就意味着，一半（1/2）的小孩是男性，一半（1/2）的小孩是女性。

◆ 图中有三个人，其中一个是小婴孩。用分数表示就是1/3或三分之一。

◆ 图中有四个球迷，其中三个支持同一队。用分数表示就是3/4或四分之三。

◆ 两只单车轮子居然稳稳当当载了十二个杂技演员，真是头重脚轻的典范！这幅图用假分数诠释的话就是这样的：

12/2

真分数

真分数是分子小于分母的分数。也就是说，所有的真分数都比整数 1 要小。

头重脚轻！

一个分数的分子比分母还要大，有没有可能？有，的确存在这种分数，它们就是所谓的“假分数”。假分数大于整数 1。

分成两份

最常用的分数就是二分之一。将一件物体分成两等份，每份就是二分之一。二分之一的写法是这样的：

$$1/2$$

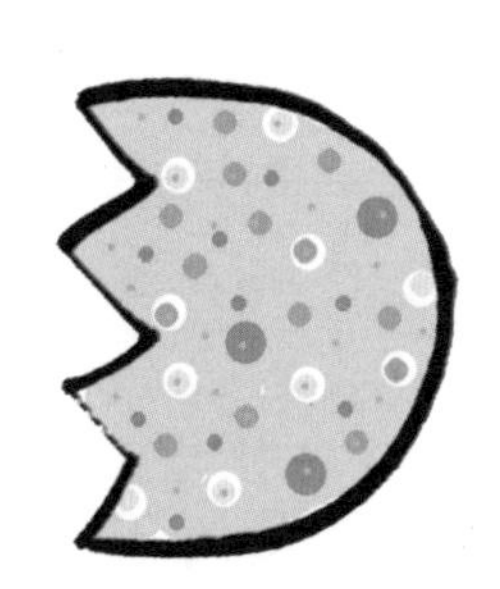

所罗门王

所罗门王是古代一位睿智的君主，关于他断案的故事广为流传。每天，所罗门王都会倾听臣民们上奏，做出英明的判决。一天，有两个妇人求见所罗门王……

半条面包

很多谚语或格言警句都与一半有关。“半条面包总比没有好”说的就是人不能太贪，它警示人们哪怕只拥有一样东西的二分之一，总胜过什么都没有。

“一鸟在手胜过二鸟在林”这句谚语的意思大同小异。虽然你想拥有两只鸟，现在只得到了一只，也就是一半，那也比做拥有好多鸟的白日梦要强。

所罗门王马上就看出来谁是真正的母亲，因为只有一个妇人宁愿牺牲自己去保全孩子的性命。他将孩子归还真正的母亲，对说谎的妇人施以严惩。

分成四份

将一件物体均分成四份，每一份都被称为 a quarter，即四分之一。因为四是一个常见的数字，因此“quarter”也成为日常生活中一个出镜率很高的词，很多情况下都会用到。

季度账单

将一年分为四份，每份即为三个月长，也就是我们常说的季度。每户家庭的各色账单，比如煤气和水电往往都是一个季度一结的。

四小节比赛

很多体育项目都分为上下两个半场，运动员中场的时候可以休息。然而，美式和澳大利亚的橄榄球比赛却是分为四个小节。

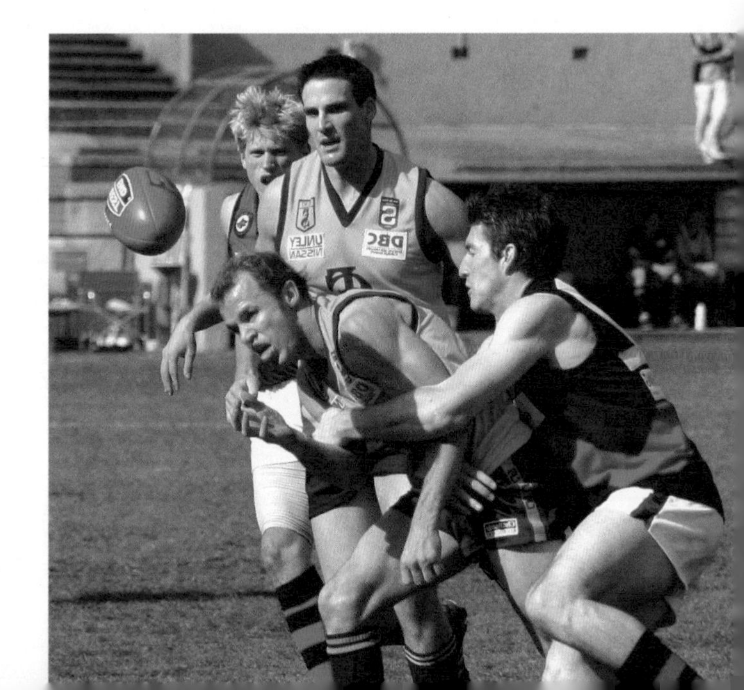

◆ 澳大利亚橄榄球运动员每场比赛要比够四个小节。

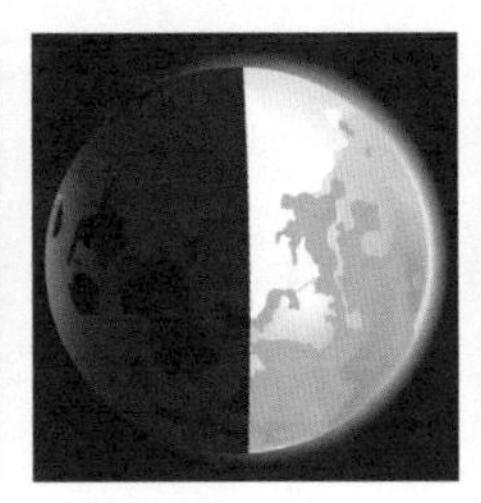

◆ 月亮以28天为周期，慢慢地盈亏变化。月相变化的四个阶段被称为 Quarters，即：满月，新月，上弦月和下弦月。

八等分硬币

Quarter 还有四分之一美元硬币的意思，相当于 25 美分。这种硬币最早出现于 1796 年，当时，将硕大的西班牙银元切割成八块楔形碎片的做法相当普遍。正因为 25 美分硬币起源于此，所以这种硬币一度被称为“两块碎片”，即两枚八分之一美元的碎片。

四等分的盾牌

在中世纪，骑士们都会随身携带盾牌以防身。这种盾牌往往被分为四等份，每一份上都印有象征自己名字的图案。如图所示，这面盾牌主人的名字就叫做赫尔维格·佩尔催（Herwig Peartree，意为“她的，假发，梨，树”）。

城市的分区

很多城市都被划分为多个区域，各个区域就被称为“quarter”。

饼分图

．饼分图是用以描述物品是如何分配的一种常见图表。分馅饼的时候，每一片或者每一小块都是整张饼的一部分。馅饼被切割的份数不一样，表示的分数就不一样。

简单数学：相等的分数

有些分数也许看上去不同，但它们的大小其实是一样的，表示的份数也是相同的。它们被称为相等的分数。

◆ 将一张苹果馅饼一切为二。取其中的一块，相当于你拥有二分之一（1/2）个馅饼。

◆ 将一个樱桃馅饼分成六等份，每一块都是六分之一（1/6）个馅饼。取其中的三块，将它们拼在一起，相当于你拥有二分之一（1/2）个馅饼。

◆ 将一个蓝莓馅饼均分成四块，每一块都是四分之一（1/4）个馅饼。取其中的两块，将它们拼在一起，相当于你拥有二分之一（1/2）个馅饼。

弗洛伦斯·南丁格尔（Florence Nightingale）

弗洛伦斯·南丁格尔是一个著名的护士。1854年，英国与俄国在土耳其的克里米亚半岛（Crimea）开战，南丁格尔赴前线护理伤员。据说，她就是这种特殊的图表——饼分图的发明者。

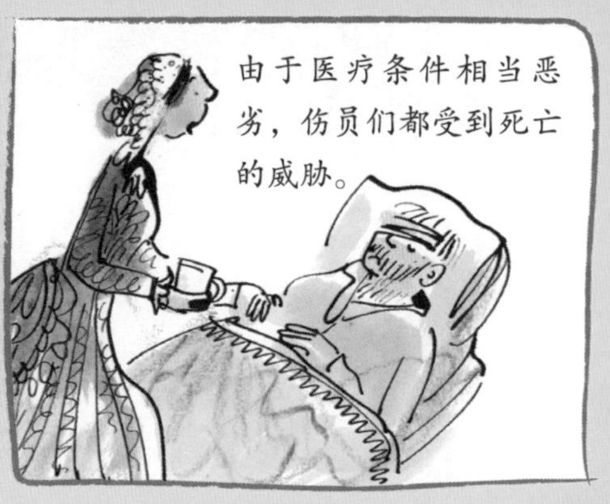

这张饼分图将令人胆战心惊的画面清晰地传达给了后方的人们。看来，真正的敌人并不是俄国人，而是霍乱、伤寒和痢疾。

为了让人们认清恶劣的形势和需求的迫切性，擅长数学的弗洛伦斯绘制了独具一格的饼分图。这张图表分为十二个小块，一年十二个月中的伤亡情况一览无余。

每一小块又分成颜色不同的两个部分，分别表示战场上阵亡的人数（红色）和被疾病夺去生命的士兵数（黄色）。

好多，好多份

想象一下，拼完一幅超过十万块的拼图得花多少工夫！马赛克拼画和拼图有异曲同工之妙。一般的马赛克都是由成千上万五颜六色的小块拼合而成的图案，这些形状各异的小块有小方块、三角形或者奇形怪状，但是严丝合缝地拼合在一起，一个美丽的图案就出现了。

破碎的镜片

在某些国家和地区，有这么一种古老的迷信或者说法，说是打碎了镜子会招致七年的霉运……

在大家耳熟能详的童话故事《白雪公主》中，那个坏心眼的继母问魔镜自己是否比白雪公主更漂亮，当听到魔镜否定的回答时，她恼羞成怒，啪地砸碎了魔镜。

图画上漫步

马赛克图案主要被用于装饰地板，因此采用的材料必须足够结实，供人们千踏万踩都无妨。最常见的马赛克材料是大理石或者石灰石，因为它们能被切割成很小的碎块，且颜色五彩斑斓。在当代的马赛克艺术中，石头、玻璃、金、银、半宝石*和瓷砖碎片也屡见不鲜。

*半宝石：在宝石学中，宝石一般分为贵重宝石和半宝石两类。水晶、玛瑙、红玉髓等属于半宝石。

◆ 各种颜色的小石头组成了这幅马赛克拼画。

◆ 一幅出土于以色列的精致的古罗马马赛克拼画。

古罗马人的场景

古罗马人喜欢用美丽的马赛克镶嵌图案装饰地板、喷泉、墙壁和浴池。图案不仅包含他们敬拜的神灵，还有其他各种场景，图案边缘镶有几何图形。

平均算下来，罗马人装饰一间房子的地板需要 100,000 片马赛克小块。他们首先会在厚厚的石头基座上抹两到三层灰浆——一种接合剂——然后在基座上描好整个图案的草样，接下来将小块一片一片地嵌进相应的位置。

世界上最美丽的马赛克拼画，很多都出土于罗马的庞贝古城。公元 79 年，维苏威火山突然爆发，附近的庞贝城受到波及，被整个掩埋在灰烬之下。

整体与部分

很多事物是由一个个小零件组成的；很多事情需要多个工具配合操作才能完成。打个比方，如果工匠想在墙壁上安装某样东西，他需要一把电钻、一个型号正确的钻头、一个墙上插座、一个螺丝钉还有一把螺丝刀。

然而，要配置混合物的时候，又是另一番情形了。如果建筑工人想要调配一般造房子用的混凝土，他的配方就是：

- 1/6 的水泥；
- 1/3 的沙子；
- 1/2 的沙砾和碎石。

为了方便记忆，他会将比例简化成：一份水泥，两份沙子，三份砾石，写下来即为 1 ∶ 2 ∶ 3。

比　例

比例可用于描述处方或配方，简单方便，因此大有用处。如果你要用浓缩的橘子汁调配饮料，就可以采用这个比例：一份橘子汁对四份水，即 1 ∶ 4。

百分之一

分数还可以换算成小数来表示。小数采用十进制，写下来就是零后面加个小数点。也就是说，0.5等于十分之五或者5/10。小数可以与分母是十、百、千的分数进行互换。千分之二十七（27/1000）写成小数就是：0.027。

世界各地的钱币大多采用十进制的体系，类似美元、欧元或英镑都被分成一百个更小的单位：分或便士。书写时，我们先写下货币的符号，然后是整数的单位，接下来是小数点，后面跟着有多少分或便士等等。十镑七十五便士可记作：£10.75

简单数学：小数

分数		小数
1/2		0.5
1/4		0.25
3/4	等于	0.75
1/5		0.2
1/10		0.1

百分之……

百分数可用来表示分母为一百的分数，其符号是 %。也就是说，百分之五十意味着将一个整体分为一百份，取其中的五十份，可记作 50%。

考试卷通常采用百分制。每答对一道题，老师即会加上一定的分数。前提是，全部的分数加起来是 100 分。也就是说，题目全部答对的考生可得 100% 的分数，答对一半的考生则是 50% 的分数。

◆ 生菜中的水分含量高达 95%。

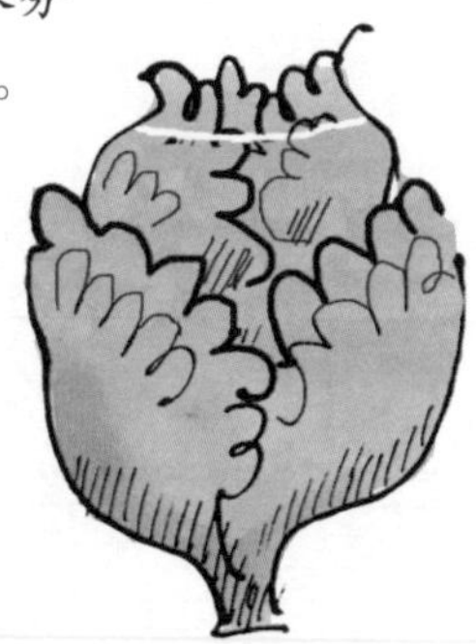

◆ 苹果或橘子中的水分含量是 85%。

10% 先生

很多为自己打工的人都有经纪人，后者替他们谋求工作机会。经纪人会从他们赚的钱中抽取佣金。

很快，这个演员就有了忙不完的邀约。这时候呢，他就需要更多人来帮忙了。

该演员最后拿到手的只有自己所挣钱的 90%，但是经纪人保证了他的活儿越来越多，收入越来越高。

◆ 里奥·梅西（Lionel Messi）是世界上薪水最高的足球运动员之一。他的年薪约为三千万英镑。你想成为他抽取 10% 佣金的经纪人吗？

◆ 短跑运动员的比赛时间精确到了千分之一秒，即 0.001 秒。

千分之……

我们将一小时分为六十分钟，每分钟又分为六十秒。但是，有的事情的发生速度实在太快，以至于我们想要为此计时的话，就不得不采用更小的时间单位，

在很多重要的运动赛事，甚至是动物赛跑中，都采用的是电子计时。赛跑者在穿过终点线的一刹那，太过迅速以至于肉眼无从分辨细节。这个时候就需要借助高科技的照相机，每秒拍下数千帧照片。

……十亿分之……

地球上大部分生物，包括你都是由几十亿个小小的部件组成的。这些小部件同心协力、共同作用，以保证你的机体和谐运转。

有些身体器官，比如你的心脏，属于重要的大型器官。但你身上也会含有矿物质和金属成分，你有一小部分甚至是金子！

除此之外，我们每个人身体的每个部分都是由细胞组成的：血细胞、神经细胞、眼细胞以及其他五花八门的细胞。咱们体内这上百亿个小小的细胞有多大呢？它们的直径只有 1/10 到 1/100 毫米！

这还没完呢！每个小小的细胞又是由数不清的原子构成的。这些小小的原子实在是太小了，以至于科学家们至今无法窥到它们的全貌。宇宙间的万事万物都是由原子构成的，包括我们自己！

◆ 在一小杯水中所含的原子数量，远远超过整个地球所有沙滩上的所有沙粒的数量！

藏起来的部分

北极位于地球的最北端，以北极圈为中心的北冰洋大部分都被冰雪覆盖着，边缘环绕着少量的陆地。

夏日来临的时候，大块的冰块断裂飘走形成冰山。这些庞然大物有可能和山一样高——但是咱们目所能及的部分仅是冰山顶端的10%，因为还有90%的部分藏在水面以下。

同样的，我们体内也藏了大量的水分！一个成年人的身体将近65%的部分都是由水组成的。

◆ 冰山约90%的部分藏于水面以下。

藏，藏，藏

水藏哪里了？

地球上69%的淡水都冻结成了冰帽或者冰川，余下的则存于湖泊、沼泽和河流中。事实上，纵观地球上的淡水资源，可供饮用的淡水少之又少——仅占1%。

◆ 从这张于太空拍摄的图片中可以看到，地球表面大部分都被太平洋所覆盖。

金子藏哪里了？

要开矿采金子，就得先从地面掘出大量的土，然后再进行筛选处理。如果该矿藏的含金量蔚为可观，那么所有的土块和岩石中将有百万分之七或者百分之八会是纯金——也就是0.0007%到0.0008%。

◆ 旧式的金矿会挖一条深深的隧道通向地底；现如今，为了炼出金子，人们首先会对泥土层和岩石层进行淘选。

整体变部分

慢慢地、慢慢地、慢慢地，地球某些部分在磨损销蚀。这一切的“始作俑者”就是风和水的综合作用。风刮倒了固定土壤的树木，然后将失去保护找不到依附的尘土掀离地面，吹得到处都是。在沙漠中，风可以导演一场猛烈的沙尘暴，卷起沙砾扑打山崖和岩石，一步步侵蚀着它们。雨落在乡间，冲走了泥土，使其汇入河流，最后并入大海。

山上下了一场雨，雨水渗入岩石间的微小缝隙。

如果天气变冷，这些下渗的水就会在夜间冻结成冰。

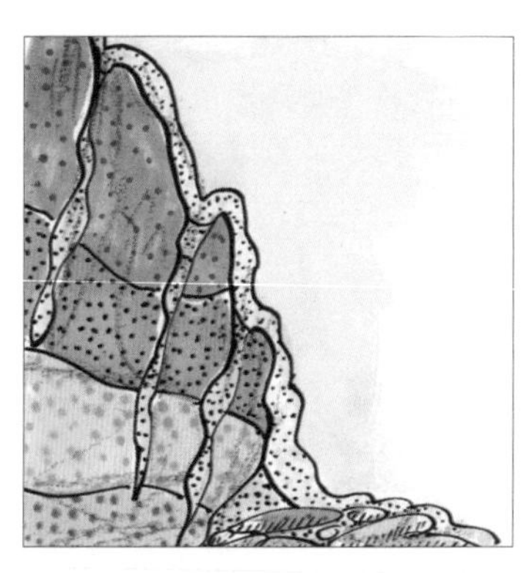

因为水凝结成冰后体积会膨胀，这样一来岩石就被迫开裂，最后有可能导致整块剥落掉下。

海水带走的……

在每一片海滨，潮水都在蚕食着海岸线。海水有时会化身成狂烈的风暴，将悬崖峭壁整个掀入海中；有时则只是轻柔地拍打沙滩，推动石头和沙子互相摩擦，将它们打磨得光滑的同时令其变得越来越小。

◆ 在美国亚利桑那州的沙漠中，风会剥落砂岩上的沙砾，将岩石雕琢成奇怪的形状。

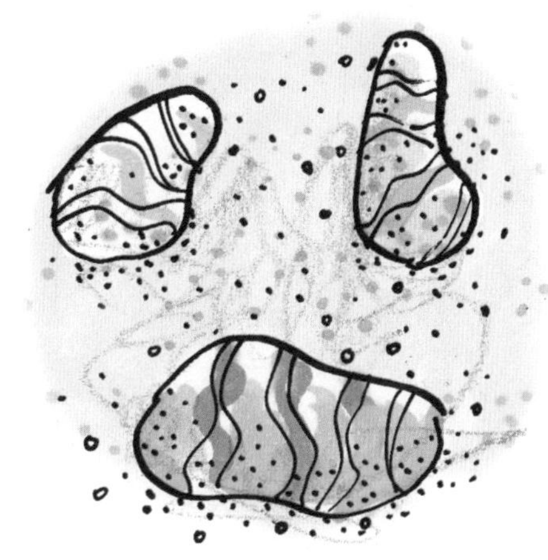

慢慢地改变……

几百万年以来，大地一直接受着来自天气的侵袭，我们的乡间和海岸线没有停止过变化。一般来说，这些变化实在微不足道，以致很难注意得到。不过是这里一丁点儿，那里一丁点儿而已。但长此以往，日积月累，这许许多多的小变化在多年后就会令整个地貌发生翻天覆地的变化。

泛古陆

科学家们认为：约在两亿年前，地球上的所有大陆是连接在一起的超大陆。他们称其为“泛古陆”。大约一百万年前，这片超大陆开始分裂，先是裂成两块大陆，最终变成了七块小一点的。

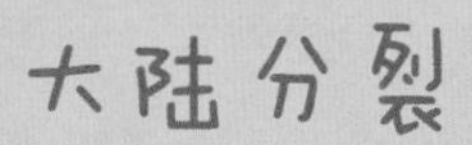

科学家们认为大约两亿年前，所有的大陆是一个整体。但随后，它们开始飘向不同的方向。

随着泛古大陆的分裂，各个大陆逐步朝着它们今天所在位置漂移——而且移动仍未停止！

◆ 1.3亿多年前，南美和南非的群山曾经连成了一片。之所以作出这个推测，是因为出自这两个大陆的岩石和化石非常相似。

它们时刻都在慢慢地漂移，但是每年移动的距离不过是两厘米，甚至更少。

北美洲和欧洲相互间越漂越远，大洋洲则慢慢地漂近亚洲。

* Hola是西班牙语（西班牙语是很多拉丁美洲国家的官方语言）打招呼的方式。Sawubona是祖鲁语（祖鲁为南非的一个种族）打招呼的方式。

地球人口——100 个！

目前，咱们的星球上居住着 68 亿人。这个数字实在是太大了，大到让人犯糊涂：68 亿，到底都有些什么人啊？不过，数学家们做过这么一个试验，让结果变得一目了然。试验是这样的，假定地球上只有 100 个人，那么人口的组成就是：

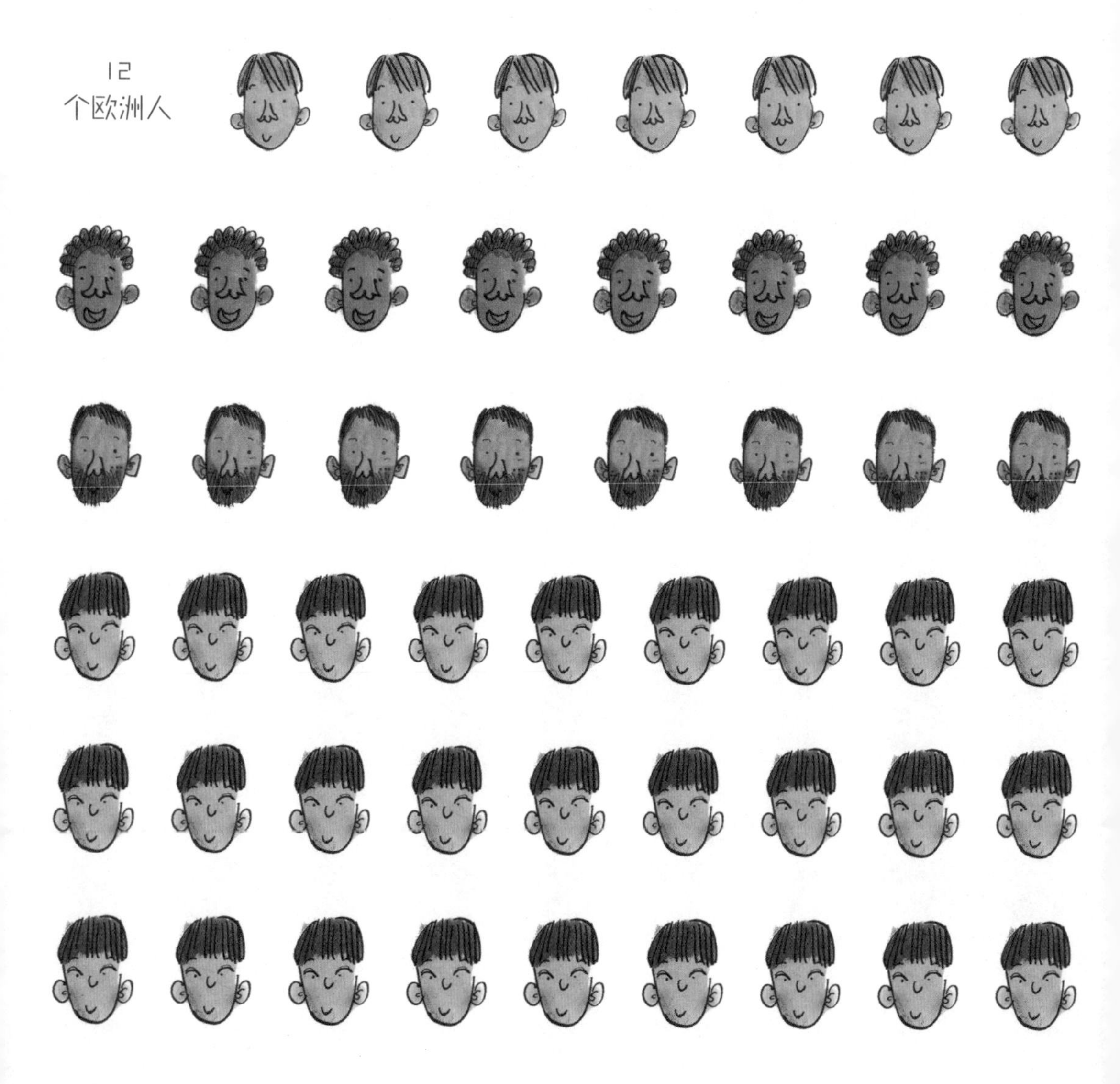

51 个男性	20 个孩童	8 个说印地语的
49 个女性	80 个成人	8 个说英语的
		17 个说中国地方方言的
		7 个说西班牙语的
		4 个说阿拉伯语的
		4 个说俄语的
		52 个说其他语言的

按照性别、年龄和所说的语言，100 个人的组成成分将会是上表中这个样子的。

13
个非洲人

14
个来自南北美洲
和太平洋岛屿的人

61
个亚洲人

小测试

1. 分数的分数线下面的数叫什么？

____

2. 面对两个妇人抢一个婴孩，聪明睿智的所罗门王假意下了一道什么指令？

____

3. 哪些地方的橄榄球比赛分为四个小节？

____

4. 饼分图的发明者是一个著名的护士，她的名字叫什么？

____

5. 在哪个被掩埋的古罗马城市出土了很多马赛克拼画？

____

6. 要配置混凝土，除了水泥、沙砾和碎石外还需要什么？

---

7. 分数可以换算成一种包含小数点的数，这是什么数？

---

8. 冰山藏于水面下的比例一般是多少？

---

9. 科学家们认为泛古大陆最后发生了什么变化？

---

10. 世界上每 100 个人中，有多少是孩童？

参考答案：

1. 分母　2. 用斧子将婴孩劈成两半　3. 澳大利亚和美国

4. 弗洛伦斯·南丁格尔　5. 庞贝古城　6. 沙子　7. 小数

8. 90%　9. 它裂成了七块小一点的陆地　10. 20

关于分配的一切 Sharing It Out

目 录

有些东西是属于所有人的

我们都会与他人分享一些东西。每次我们团团围坐一起用餐时，会将食物轮流递给每一个人，以便大家都能享用——这时我们在分享。每次我们和亲朋好友在一起欢聚生日，或者告诉别人一个笑话或者小秘密——这时我们在分享。我们把一份东西分成许多小份，以便其他人也都可以拥有一部分。

分享在数学上的名称是除法。有时我们把一样东西分开，每个人得到的份额是相等的。但有的时候，一部分人比另一部分人拥有的更多。而有的时候，我们发现我们没有足够的东西再分给每一个人，或者只剩下一点点的东西。这剩下的一部分就是所谓的余数。

简单数学：除法符号

除法和减法比较相似，因为它也会令结果变小。除法会使用一个专门的符号，写作 ÷。因此如果我们想要把八除以二等于四这个算式表达出来，可以这样写：

$$8 \div 2 = 4$$

◆ 三只小猫咪正在分享一个盘子里的牛奶。

银行劫匪

劫匪比尔是一个行动派。他总是在酝酿一些胆大包天的计划。这一次，他计划去抢劫城里的淘金银行。比尔花了很长时间去研究怎样把钞票偷出来，然后又花了同样多的时间策划怎么把它们花掉——但是事实证明，他应该多花点时间去学校好好补习一下数学。

早上 10：08，劫匪们打开了保险箱，开始将大把的钞票塞进了他们带来的大麻袋中。依据比尔事先的计划，这个过程将在 4 分钟之内完成。

早上 10：05，比尔与同伙杰克、斯林姆、斯达博斯还有芬格斯进入了银行。

早上 10：45，这帮劫匪带着他们的战利品返回了藏身之处。

强盗比尔心花怒放。这次的抢劫行动圆满结束——在他面前，从银行偷回来的纸币堆积如山，总额达 35,000 美金。这足以让每个同伙都成为富翁。现在比尔面临着一项任务，那就是分赃。然后他们就将分道扬镳。

不幸的是，强盗比尔当初上学时没有认真听讲，他完全没有掌握除法的知识。他只知道一种分钱的方法，那就是点清楚钱数，再一张一张地，把它们分成五等份。

上午 11 : 45，他依然在数钱。

当司法长官破门而入时，他仍在认真地点着钱数……

……然后整个抢劫团伙都被关进了监狱。

平均分配

有时候，当你在与别人分享什么东西的时候，确保每个人获得相同的份额是非常重要的。例如，在很多纸牌游戏中，游戏开局时每个人的纸牌数量都是相同的，这样就不至于出现某个人因牌多而占上风的不公平局面。

比赛双方

如果你约一帮朋友去踢足球，两边的队长将轮流选择自己的队员，以便双方拥有的队员数量相当。这样才是一个势均力敌的比赛，因为如果某一队的人数较多，那么比赛就没什么意思了。

◆ 在桌面足球游戏中，有两组球员在进行比赛。

每个人的角色

当我们和一大群人相处的时候，就像我们在学校里，参与某项运动或者娱乐活动——比如跳舞或者表演戏剧——时，我们就在学习怎样与人分享。有些时候分配是均匀的，但有的时候并非如此。

如果我们参加过戏剧演出或者表演，我们很快就会明白，在每一次表演时，都会有主要角色和次要角色。虽然成为剧中的明星是令人振奋的，但是故事中的每一个角色都是不可或缺的。

◆ 在音乐剧《雾都孤儿》中，盗贼费金是一个非常重要的角色，而合唱团的男孩子们其戏份则小得多。

不平均

有时候不平均的分配意味着不公平。有的人坐下来用餐时表现得很贪婪，他们吃的比自己应得那份要多。有的人将自己不需要的东西占为己有，罔顾有需要的人想得又得不到。

分工协作

如果你想要完成一项工作，你可以选择独自完成，也可以请求他人的协作。接下来，你可以决定是否由所有人一起同进同退，还是将工作细分之后交由团队成员分头执行。

◆ 机械手在汽车装配流水线上分工合作。

一个接一个

在汽车制造厂中，不同的工作通常由人类和机械共同合作完成。汽车零部件在装配流水线上进行整合，从一个工作台传送到另一个工作台上，最后成功出炉。

◆ 机械手 2 进行第一道喷漆。

◆ 机械手 1 焊接汽车的外壳，构成汽车的雏形。

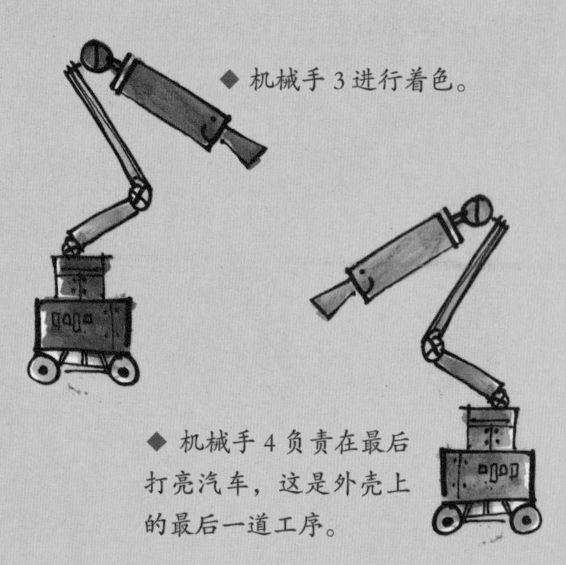

◆ 机械手 3 进行着色。

◆ 机械手 4 负责在最后打亮汽车，这是外壳上的最后一道工序。

劳动分工

让不同的人负责不同的工种，以这种方式完成一项任务，被称之为劳动分工。这是一种在工作实践中得到广泛应用的方法，也是任何团队合作的一部分。在许多工作和团队中，你负责什么样的工作全由你的能力而定。换句话说，取决于你懂哪些东西，你拥有什么样的经验，你哪个方面最为擅长。

◆ 同时技师把引擎组装在一起。

◆ 在装配流水线上，负责汽车其他部分装配的工人也各司其职。仅一辆汽车就需要将三万多个小零件组装在一起。

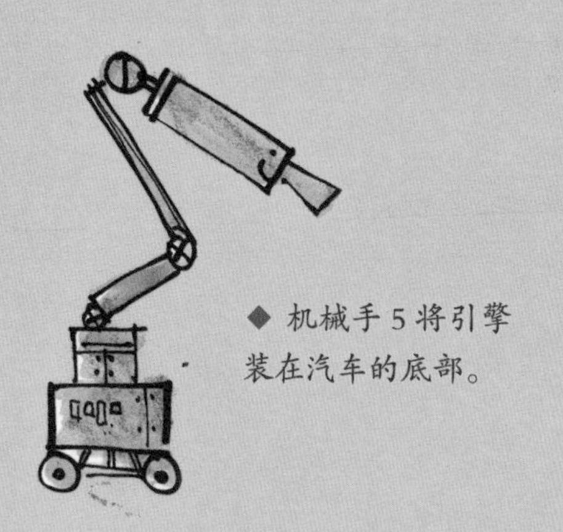

◆ 机械手5将引擎装在汽车的底部。

◆ 运输车从工厂运出新车。

机会均等

男性和女性

那些所谓男性应该做什么，女性应该做什么的想法起源于远古时期。那时候，男性都需要外出打猎，而女人则留在洞穴中照顾孩子，准备食物。在一些社会中，男性和女性仍在遵循着传统的角色分工。

但是在当代社会，很多国家和地区的女性都希望获得和男性均等的机会。在很多情况下，两性在培训和工作领域获得的成功都是不相上下的。

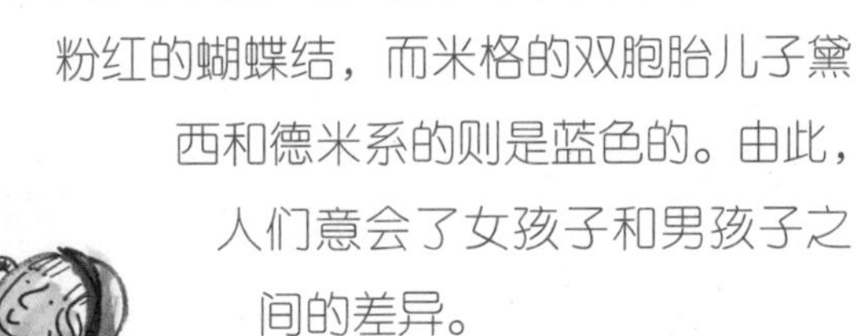

粉红和蓝色

如果你走进一家欧洲或者美国的童装店，你会发现大量的粉红色女童服装和蓝色男童服装。这两种颜色的使用来源于1868年出版的小说《小妇人》。在书中，艾米系了一个粉红的蝴蝶结，而米格的双胞胎儿子黛西和德米系的则是蓝色的。由此，人们意会了女孩子和男孩子之间的差异。

在其他一些国家里，人们对颜色的看法则迥然不同。例如，在亚洲的很多国家，都喜欢给婴儿穿上红色的衣服。

工作分配

有些工作需要一周工作七天，且不分昼夜。唯一的解决方法是大家轮班。每一个人在值完自己的班后把工作移交给下一位。一些人希望在工作之余能给他们时间做一些其他的事情，尤其是你正在学习，或者告别了全职工作业已退休时。

那些生完了孩子的妇女经常希望能回到自己的工作岗位，但同时又能抽出时间来照顾她们年幼的宝宝。理想状态是拥有一份“工作分配”时间表，这样就能两个人轮值，共同完成一份工作。

共同面对危险

军队中出现女兵已经有些年头了。但仅仅只有少数国家，包括挪威、加拿大、荷兰、法国、以色列和德国等，是允许女性担任实战角色的。一些男兵宣称当有女兵在旁边时，他们无法达到平时的工作状态，但是女兵们却表示她们非常喜欢军营中富有挑战性的生活。

◆ 男兵和女兵共同参加检阅。

测量每一部分的大小

当我们把东西分成小份的时候，我们可以使用不同的方法来记录结果。我们可以简单地以数字的形式区分。例如，10 分成 4 份，则每份为 2，还余下 2。我们还可以运用其他的方法来记录分配结果。

测量每一部分

当我们需要分配东西，比如钱或者饮料时，我们需要记录下来我们是怎样进行分配的，这样才能知道我们的分配是否平均。我们可以使用分数，如一半或者四分之一。你也可以使用小数，如 0.5，它和一半的含义是一样的。我们还可以使用百分数，或者百分比，如 50%。

简单数学：分成几份

当我们把一个大的数字，例如 10 分成小份的时候，我们可以把其中的某一部分记录成：4 / 10。我们也可以记录成小数的形式：0.4，或者我们可以用百分数记录：40%。

◆ 在超市里，琳琅满目的产品占据了货架，货架空间在不同品种间基本实现了平均分配。

FRUTTIS
0.88
0.88
0.88
0.88
Campina
1.09
Almighurt
1.09
1.09
1.09
0.29
0.39
Almighurt Fantasie
1.09
1.09
0.49
MÖVENPICK
Fruchtjoghurt 1,5 % Fett
Mark Brandenburg
0,1 %
Fruchtjoghurt
"Landliebe"
0.49
0.59
Mark Brandenburg Fruchtjoghurt
0.29
Splits
12 x 200 g
Ravensberger
Yogogrande
Sahne Joghurt
Zott
Schlemmer
Yogogrande Rahmjogh.
"Bauer"
0.45
Schokosplits
Ravensberger
0.45
Sahnejoghurt
"Zott"
0.44

遗　嘱

有些人死去后，会留下他们所有的财物或财产。从自己父母或者其他亲人那里得到遗产，称之为继承。

◆ 在那些由国王或者王后统治的国度，王位总是传给最大的子嗣。在英国，即使王子有姐姐，但他仍然可以即位。

一些国家仅仅允许男性后代享有继承权。儿子理所当然得到一切！但是，在一些文化中却正好相反，他们仅仅允许女人继承财产，称之为母系遗传。

在另外一些国家，法律则明文规定遗产在所有的后代间平均分配。法国就是如此。这样的规定并不见得就没有缺陷。如果一个法国农夫死去了，那么他的土地将会被平均分成很多小块。长此以往，土地就会因为面积太小而失去了耕种的价值。

遗产分配

在一些国家，孩子们拥有的份额均等。这些孩子每人得到 1/5。

但是，在印尼的苏门答腊岛，他们采用的是母系继承法。土地和财产将由母亲传给女儿。

在伊斯兰国家，儿子的继承物一般为女儿的两倍。

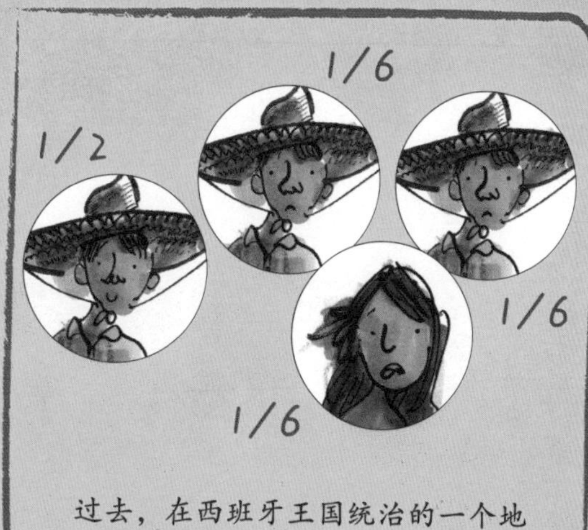

过去，在西班牙王国统治的一个地区，叫做加利西亚，规定所有的孩子都拥有继承权，但是只有一个孩子能得到家业以及大部分的遗产。

分享金钱

在世界上，有许许多多的人需要他人的帮助。当你观看电视上的新闻报道，或者阅读报纸上的文章时，你可能会发现，那些生活在落后国家，或者战火纷飞地区的人们其生活是何等困苦。

◆ 1985年的拯救生命演唱会，开了通过流行音乐的形式为世界各地的慈善事业募集资金的先河。

分给其他人

我们每一个人都有基本需求和高级需求。基本需求包括食物、衣服、住房等等；而高级需求是指那些超越基本需求以上的需要，比如冰激凌、电子游戏机和名牌服装等。

有时候我们习惯于拥有这类东西，并开始认为如果缺少了它们，我们将无法生活，但事实并非如此。如果我们能节省一点花在高端消费品上的钱，那么，我们就可以帮助那些正在遭受不公平待遇的人们。

◆ 你可以通过许多方法来筹集资金，进行自己偏好的某项慈善事业。

慈 善

慈善机构是为那些处在危难中的人们提供帮助的组织。对一些著名的慈善机构你可能会有所耳闻——可能你时不时享受到他们提供的帮助。如果每个人都能捐助出一份小小的心意，那么很快这些小心意就能累积成不菲的数目，足以发挥积极的作用，改变一些人的生活。

联合国儿童基金会（UNICEF）

联合国儿童基金会是一个为全世界的儿童提供帮助的慈善组织，运作的很多项目旨在提供给孩子们，尤其是女孩子良好的基础教育。它试图使所有的孩子都享有基本的医疗保障，而且还会为那些被迫加入童子军，或者沦为工厂廉价劳动力的孩子们提供帮助。

世界自然基金会（WWF）

世界自然基金会致力于在一百个不同的国家保护濒危的动物物种及它们的生活环境，比如大熊猫。这个组织需要面对包括处理污染、过度捕捞和气候变化的问题。

劫富济贫

我们生活的这个世界，大量的金钱掌握在小部分人的手中。与此同时，更多的人却在为生计奔波。罗宾汉是很多故事里的主角，但这位英雄却被逼做逃犯，并不得不隐居山林。

◆ 今天的舍伍德丛林

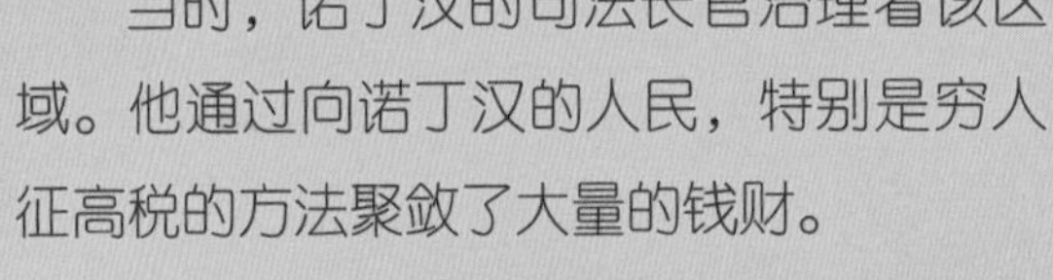

当时，诺丁汉的司法长官治理着该区域。他通过向诺丁汉的人民，特别是穷人征高税的方法聚敛了大量的钱财。

罗宾汉被迫躲进了舍伍德丛林。

丛林里发生了许多“抢劫”事件，个中的隐情只有罗宾汉和同伴们知道。

此举是为了截住那些借道丛林的腰缠万贯的商人们。他们被迫参加一次简单的会餐，然后必须向“好客的”罗宾汉付出昂贵的费用。只有这样，他们才会获准继续前行。

罗宾汉坚信金钱应该进行更加公平的分配。他从富人那里取得金钱，再把它们分发给穷人。

没有人知道罗宾汉是否真的存在。但是这个故事之所以被口口相传就是因为它反对垄断财富，主张平等地分配财富。

◆ 位于英国诺丁汉的罗宾汉的雕像。

分裂的城市

柏　林

1989 年 11 月 16 日，一面将一座城市分隔长达 28 年的壁垒终于被推倒了。这座混凝土浇筑的高墙一直把柏林分成东西两半，林立的警戒塔、妨碍交通的壕沟以及其他的防御设施阻碍着家人的团聚。但最后，柏林终于又变成了一个城市！

高墙啄木鸟

在高墙立起来的时刻，德国被分为两半：东德和西德。直到 1989 年，柏林的人们终于下定决心：是时候改变现状了。

从 11 月 9 日起，接下来的好些天，人们不断带着榔头和凿子来到柏林墙，开始敲打、穿凿着柏林墙。甚至，有人还带走一些墙的碎片作为纪念。大家戏称这些人为“高墙啄木鸟（Mauerspechte）”，因为他们凿毁柏林墙的方式就好像树林里的啄木鸟一般。

◆ 柏林墙把柏林一分为二长达 28 年，从 1961 年 8 月至 1989 年 11 月。

布达佩斯

多年以来，匈牙利的首都是坐落在多瑙河西岸的城市布达。直到 1873 年，布达与北面的老布达以及跨越多瑙河的佩斯合并成了一个新城。这座新的合并成的城市后来取名布达佩斯。

◆ 多瑙河从布达佩斯城市中穿过。

共享空间

如果你住在乡下，那么你的房子可能与邻居们并排挨着。但是如果你住在城市某栋建筑的公寓里，邻居们就可能住在你的上面、你的下面或者你的旁边。

世界上的许多城市都十分拥挤，建筑用地是十分稀少的。在中国香港这个地区，超过七百万的人口密密麻麻地住在摩天大厦一样的公寓楼中。成千上万的人居住在一栋高楼中，楼层高度可能超过六十层。

◆ 在香港，高塔一样的大楼里全是公寓。

挤在一起

你可能认为居住在这样的环境中，人们一定会感觉特别拥挤，但是研究显示，居住在摩天大楼里的人们非常享受这种邻里间友好的感觉，这是因为他们紧紧相邻，并共享他们视作家的大厦。

开拓更广大的空间

地球的表面积非常广大，但是大部分地方都覆盖着海洋，而且还有大量的陆地不适合人类居住，像沙漠、冰原和山脉。除此之外，仍有大片的陆地至今无人居住——尽管地球的人口如今已经接近七十亿。

事实上，仅仅在加勒比海上的波多黎各这么小的海岛上，你就可以举办一个邀请全世界所有人参加的晚会，这里的空间已经足够让所有人一起翩翩起舞。

◆ 大树露出地表的部分是生命的摇篮，底下的部分也同样是。

以树为家

大树是很多不同种类的植物和动物的家园，或者说为它们提供了一个栖息地。每一种动物都在这个环境中扮演着一个至关重要的角色。在这个生态系统中，这些有生命的住客从它们的栖息地获得养分，同时也给予一定的回报。

树叶中有一种叫做叶绿素的化学物质，可以将阳光转化为大树的食物。

昆虫和鸟类喜欢吃树叶、树液和树枝上的嫩芽。

昆虫和鸟类为大型动物提供食物。

苔藓为昆虫提供食物。

苔藓生长在树干上，它们把树干作为自己生长的平台。

昆虫为鸟和小型哺乳动物提供食物。

菌类环绕着大树的根部生长，并帮助大树吸收重要的养分。

菌类靠树上的营养生长，但对树来说这并不是一件坏事。

共度好时光

我们经常和好朋友保持联络，分享彼此的新鲜事。当面对面交流时，我们可以一次和三四个朋友一起聊。但是如果我们是打电话或者发短信，很可能一次只能和一个朋友聊。

展示和介绍课

在许多学校，小学生们会带着心爱的玩具或者自己爱好的东西到学校里，为班级同学“展示并介绍”。在展示并介绍的过程中，一个同学拥有数分钟的时间和整个班级的同学分享自己的经历。每个人都能从其他人那里学到一些东西，而且，每个人都有在班级同学面前训练自己演讲的机会。

社交网络

通过互联网站，比如社交网络和微博，人们可以和所有的朋友在同一时间分享新鲜事。每天，有数亿人在社交网络上分享发生在自己身边的新鲜事以及晒照片。另一个使用社交网络的意义在于传递新闻。当人们发现有大事发生，比如洪水或者地震，他们可以立刻上传照片和细节到微博上，从而使得世界各地的亿万网友都可以即时知晓。

◆ 社交网络是一个与朋友或亲人分享每天发生在自己身上的事情的绝好的地方，特别是双方距离遥远的时候。

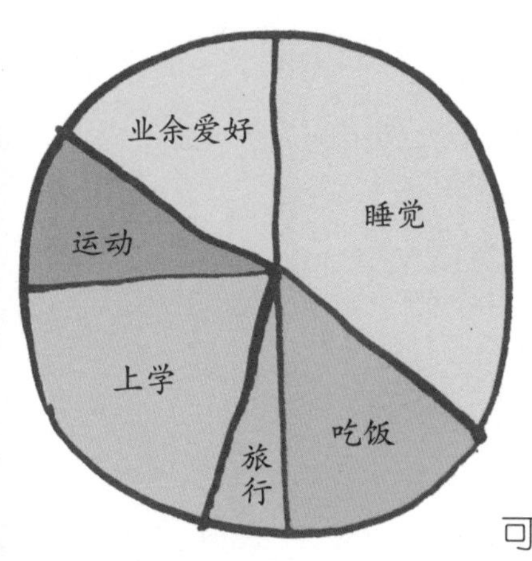

饼形图

一个记录我们怎样分配时间的方法就是制作一张饼形图。把整个圆饼分成 24 等份，分别代表一天的 24 小时。在记录你如何分配时间做不同的活动时，你可以使用不同的颜色。

饼形图也可以用作许多不同的途径。它可以用来记录每天应摄入的众多不同种类的食物——蛋白质类、豆类、水果类、蔬菜类、碳水化合物——都是健康饮食不可或缺的。

小测试

1. 如何用数学的形式来表达分配?

______

2. 一辆小汽车可能包含多少个不同的部件?

______

3. 地球上有多少人口?

______

4. 我们把发挥不同作用的不同生物共同居住的一个栖息地叫做什么?

______

5. 两个人共同完成一项工作叫做什么?

______